EXAMEN CHYMIQUE ET PRATIQUE

DES EAUX DE LA LOIRE,

Du Loiret, & des Puits de la Ville d'Orleans,

Par M. TOUSSAINT GUINDANT, Docteur en l'Université de Médecine de Montpellier, Médecin de l'Hôtel-Dieu d'Orleans, Aggrégé au College des Médecins & de la Société Royale d'Agriculture de la même Ville.

A ORLEANS,
De l'Imprimerie de CLAUDE-ANNE LE GALL, Imprimeur-Libraire, rue Bourgogne.

M. DCC. LXIX.

AVEC APPROBATION ET PERMISSION.

AVANT-PROPOS.

AU mois de Décembre 1767, MM. de la SOCIETE' ROYALE D'AGRICULTURE de cette Ville, me firent l'honneur de me donner une place d'Associé dans leur respectable Compagnie. Ce fut à peu près dans le même temps que je conçus le projet de travailler à l'Examen des Eaux de la Loire, du Loiret & des Puits de cette Ville. J'en parlai un jour à la Compagnie, qui y applaudit unanimement, & qui même en regarda l'exécution comme absolument utile & nécessaire. Une semblable décision ne me fit pas balancer sur le parti que j'avois à prendre : je commençai donc mon Ouvrage ; & parmi les Apothicaires de cette Ville, qui tous sont également instruits & éclairés sur leur Art, je choisis M. REGNOUL, l'un des Correspondans de la Société, pour m'aider dans les opérations chymiques dont j'avois besoin. Mais ce sçavant Artiste se trouvant pour lors surchargé d'affaires qui lui demandoient tout son temps, j'eus recours à M. PROZET, dont les connoissances dans sa Profession sont plus étendues qu'elles ne le sont ordinairement à son âge. C'est sous mes yeux qu'il a fait les expériences & les opérations qui ſont contenues dans cet Examen : travail de l'exactitude duquel on peut être ſûr.

Quand à l'Ouvrage en entier, j'ai fait tous mes efforts pour le rendre intéreſſant. Avant de rien conclurre, j'ai conſulté la nature, j'ai interrogé l'expérience, j'ai appellé à l'obſervation ; quelle route plus méthodique pour mettre l'évidence dans tout ſon jour & pour anéantir le préjugé ? L'établiſſement que je propoſe pour ſe procurer aiſément & pour ainſi dire ſans frais, l'Eau de la Loire, me paroît revêtu de toutes les formes qui peuvent en preſſer l'exécution : le moyen que j'indique pour dépurer l'Eau, me ſemble également ne ſouffrir aucune contradiction. Puiſſent l'un & l'autre être conſidérés de même des Citoyens de la Ville d'Orleans, & leur devenir auſſi utiles que je le déſire !

EXAMEN
CHIMIQUE ET PRATIQUE
DES EAUX DE LA LOIRE,
Du Loiret, & des Puits de la Ville d'Orleans.

Medicinam quicumque vult conſequi rectè : Oportet aquarum facultates conſiderare. Quemadmodùm enim guſtu ac pondere differunt : ita & facultas cujuſque multùm diſcrepat. Hipp. *Libro de aere, locis & aquis* Chart. tom. 6.

LA Matiere que nous entreprenons de traiter peut ſe renfermer en quatre Articles. Le premier qui concerne la nature de l'Eau de la Loire. Le ſecond qui a pour objet les vertus de cette Eau. Le troiſieme qui détermine ſi le Citoyen d'Orleans doit la préférer aux Eaux des Puits pour ſes uſages ordinaires. Le quatrieme qui regarde le Loiret.

ARTICLE PREMIER.

De la nature de l'Eau de la Loire.

LA Loire *Ligeris* eſt un fleuve des plus conſidérables de la France. Ses Sources ſont dans le Haut-Vivarais, en Languedoc, & au pied du Mont-Gerbier-le-Joux. Il traverſe le Velai & le Forez où il devient navigable dès la petite Ville de Saint-Rambert, bien au-deſſus de Roanne. Il arroſe enſuite le Bourbonnois qu'il ſépare de la Bourgogne; le Nivernois qu'il ſépare du Berri; l'Orleanois, la Touraine, l'Anjou, la Bretagne, & va ſe rendre dans la mer à douze lieues au-deſſous de Nantes. Son cours eſt de cent quatre-vingt lieues ou environ. Ce fleuve paſſe dans quantité de Villes qu'il rend très-marchandes. Les plus conſidérables ſont Nevers, la Charité, Gien, Orléans, Baugency, Blois, Amboiſe, Tours, Saumur & Nantes. La Loire dans tous ces endroits coule avec rapidité. Son lit eſt formé d'un beau Sable fin & de gros cailloux dont la plûpart ſont tranſparents. Quelquefois ce lit eſt étroit, quelquefois il eſt large ; cela dépend du plus ou moins d'eaux que lui fournit la fonte des neiges des montagnes du Velai & du Forez qu'elle traverſe. On n'y trouve que très-peu de Poiſſons & de Plantes (*a*).

Les principales rivieres que reçoit ce fleuve ſont l'Allier, à une lieue de Nevers; le Cher & l'Indre auprès de Tours ; la Vienne, près Mont-Soreau ; la Sarthe, la Mayenne & le Loir, toutes enſemble près du Pont-de-Cé au-deſſous d'Angers, & la Seurre à Nantes. Ses Eaux ſont diaphanes, abſolument ſans odeur & ſans ſaveur. La pinte d'eau de Loire, meſurée très-exactement ſur l'étalon de la Ville, peſe trente-ſix onces, un gros &

(*a*) Il y a dans la Loire les Poiſſons de réſidence & les Poiſſons de paſſage. Ceux de réſidence ſont la Carpe, le Brochet, le Barbot, la Plye, l'Anguille, la Perche, la Breme & le Goujon. Ceux de paſſage ſont le Saumon, l'Aloſe & la Lamproye.

Les Plantes qui ſe trouvent dans la Loire ſont les *Salix caprea*, les *vitellina*, les *arbuſcula* *. Les *Siſymbrium ſilveſtre*, les *Sophia*, & le *Cardamine pratenſis*. Linæi ſpecies plantarum, pag. 913--916--1442.

* Cette eſpece de Saule eſt rangée par les Botaniſtes parmi les Plantes exotiques ; mais nous pouvons aſſurer qu'elle eſt indigene ſur les bords de la Loire.

ſoixante-dix grains. A l'égard de la nature de cette Eau, rien n'a pu mieux la faire connoître que l'analiſe ou la décompoſition ; auſſi eſt-ce la voie que j'ai conſtamment ſuivie avec M. PROZET, Apothicaire de cette Ville, qu'on ne ſçauroit trop connoître, & qui fera toujours honneur à Meſſieurs ROUELLE & CADET, dont il a été l'Éleve.

En Général, l'eau qui paroît la plus pure, c'eſt à-dire, la plus légere, la plus inodore & la plus inſipide, celle qu'on connoît ſous le nom d'eau douce ou d'eau commune, n'eſt pas exempte de mêlange. Elle n'eſt pas un corps ſimple ou homogene ; la diſtillation de la plus pure de ces eaux préſente toujours un réſidu au moins terreux.

On peut ranger tous les moyens que la Chimie nous enſeigne, pour découvrir exactement les différentes ſubſtances qui ſont contenues dans les Eaux, ſous les deux opérations générales que les Chymiſtes appellent Analiſe par les précipitants, & analiſe par le feu.

La premiere de ces analiſes n'eſt fondée que ſur la théorie des affinités. Elle s'exécute ſur le champ en ſoumettant l'eau à diverſes expériences qui ſe font avec pluſieurs ſubſtances ; ſçavoir, avec une décoction de noix de Galles, le Sirop de violettes, les solutions métalliques lunaires (entre lesquelles on doit préférer celle de mercure dans de l'eau-forte), & avec l'alkali fixe. La seconde a la démonstration pour base. Elle se fait en soumettant l'eau à l'évaporation & à la cristallisation. Pour la premiere opérarațion, nous avons regardé la noix de Galles comme inutile, puisqu'elle ne sert qu'à démontrer la présence du fer dans les eaux minérales proprement dites, & que celles de rivieres n'en contiennent presque jamais. Nous nous sommes seulement bornés au Sirop de violetttes, à la dissolution de mercure par l'acide nitreux, & à l'huile de tartre par défaillance.

Par ces Expériences, nous nous sommes mis en état, 1°. de juger, par exemple, que si, en mêlant de l'eau avec du Sirop de violettes, sa couleur bleue étoit altérée & se changeoit en verd, l'eau contenoit une terre calcaire libre, c'est-à-dire, qui étoit avec l'eau dans un état moyen de combinaison & de simple mêlange, (ce qui faisoit qu'elle n'en troubloit pas la transparence) : 2°. de juger que si, en mêlant une solution de mercure, l'eau devenoit laiteuse, & formoit un précipité jaune ou turbith minéral ; cette eau renfermoit de la ſelenite, (puiſque le turbith minéral n'eſt qu'un ſel neutre avec le moins d'acide poſſible formé par l'union de l'acide vitriolique avec le mercure ;) que ſi au contraire, le précipité étoit blanc & reſtoit conſtamment tel, l'eau contenoit un ſel marin, ſoit à baſe d'alkali fixe, ſoit à baſe terreuſe, (puiſque ce précipité blanc n'eſt qu'un ſel neutre avec le moins d'acide poſſible, formé par l'union de l'acide marin avec le mercure :) 3°. de juger que ſi, en mêlant de l'huile de tartre par défaillance avec de l'eau, cette même eau devenoit opale ou laiteuſe, cela prouvoit indubitablement la préſence d'une terre calcaire plus ou moins abondante. Mais ces Expériences ne ſervant qu'à faire juger des différents principes conſtituants des ſubſtances contenues dans l'eau, ſans en démontrer la quantité ; ne pouvant d'ailleurs être regardées que comme préparatoires, nous avons paſſé à la ſeconde opération, qui conſiſte à filtrer & à évaporer une certaine quantité d'eau juſqu'à ce qu'il n'en reſte que très-peu, afin d'en raprocher les différentes parties des ſubſtances qu'elle contient, de pouvoir mieux les reconnoître, & de déterminer leurs quantités.

SECTION PREMIERE.

Analise de l'Eau de la Loire par les Précipitants.

Le 26 du mois d'Avril 1768, nous nous sommes transportés dans l'endroit de la riviere que les Orléanois appellent *le Canton de la Motte-Sanguin*. Puisant l'eau dans son cours le plus rapide, nous avons examiné & noté les résultats des trois Expériences qui suivent.

PREMIERE EXPERIENCE,

Avec le Sirop de Violettes.

L'eau mêlée avec ce Sirop n'altere aucunement sa couleur bleue.

SECONDE EXPERIENCE,

Avec la dissolution de mercure par l'acide nitreux.

L'eau avec cette solution reste toujours naturelle, claire & transparente.

TROISIEME EXPERIENCE,

Avec l'huile de Tartre par défaillance.

L'eau avec cet alkali fixe reste comme dans la précédente Expérience sans aucune précipitation.

SECTION SECONDE.

Analise de l'Eau de la Loire par le feu.

M. PROZET a filtré vingt-cinq pintes d'eau de Loire. De ce procédé, il a passé à l'évaporation qu'il a suivie au dégré moyen de l'eau bouillante jusqu'à ce qu'il ne restât plus que quatre onces d'eau. La liqueur étoit trouble, & a déposé quelques parties terrestres. On l'a filtrée : lorsque le filtre a été sec, on a obtenu huit grains de terre blanche calcaire d'une couleur un peu jaunâtre (*a*).

La liqueur filtrée étoit au contraire très-jaune. On l'a soumise à l'évaporation dans une petite capsule de verre. A mesure que l'évaporation se faisoit, il s'attachoit contre les parois de la capsule une petite croute, & il se formoit sur la surface de l'eau une pellicule mince & très-grasse. La croute nous a paru saline grasse. On a continué d'évaporer la liqueur, jusqu'à ce qu'il n'y en eût plus que deux gros. Elle s'est montrée

(*a*) Cette couleur n'y pourroit-elle pas faire soupçonner quelques légers atômes ferrugineux, quoique l'eau n'ait été nullement altérée par la teinture de noix de Galles ?

alors très rousse & un peu nébuleuse. On l'a mise à la cave pour la faire cristalliser; mais le lendemain, loin de trouver aucuns cristaux, la liqueur a paru augmentée, probablement, parce que la substance saline grasse qui avoit disparu avoit attiré l'humidité de l'air, & s'étoit liquefiée.

La nature déliquescente de ces substances contenues dans la liqueur, nous a obligé de la faire évaporer de nouveau, afin de la dessécher totalement, & par-là nous assurer fidelement du poids de ces substances. De toute cette liqueur, nous sommes enfin parvenus à ne trouver qu'une matiere d'une couleur brune qui adhéroit tellement aux parois du verre, qu'il a été assés difficile de la détacher. Nous l'avons pesée, & le poids n'a été qu'à vingt-quatre grains.

Deux onces d'eau distillée froide, versée sur cette matiere, l'ont fait dissoudre sur le champ; mais comme la solution étoit louche, on l'a mise sur un filtre. On a versé ensuite vingt gouttes de cette solution dans un verre où il y avoit deux gros d'eau distillée; on y a ajoûté quelques gouttes de solution de mercure dans l'acide nitreux: alors il s'est fait sur le champ un vrai précipité blanc.

Vingt gouttes d'acide vitriolique versées dans un gros de cette solution, ont fait élever presque aussi-tôt quelques vapeurs blanches qui avoient une odeur safranée.

Toutes ces Expériences s'accordant à nous montrer que l'acide marin étoit l'acide constituant de la substance saline déliquescente que nous avions obtenue; on a mis, pour en avoir encore plus de certitude, tout ce qui nous restoit de la solution dans une capsule, avec trente gouttes d'huile de Tartre par défaillance. Cette manœuvre ne nous a d'abord fourni aucune précipitation; mais procédant à l'évaporation, à mesure que la liqueur s'échauffoit, il naissoit de petits floccons blanchâtres qui nageoient dans le liquide. Le filtre nous les ayant séparé, on a obtenu, lorsqu'il a été sec, quatre grains de terre blanche calcaire très-fine & très-subtile. On a continué d'évaporer jusqu'à ce qu'il ne restât plus qu'un gros de liqueur. Ce gros a été porté à la cave pour le faire cristalliser. Il nous a donné deux petits cristaux cubiques, chacun du poids de trois grains, lesquels cristaux ont décrépité aussi-tôt qu'on les a mis sur un charbon ardent. Le reste étoit si gras qu'on n'a pu le faire cristalliser.

COROL.

COROLLAIRE.

Il ſuit de toutes ces Expériences que le réſidu brun qu'on a obtenu de l'évaporation de l'Eau de la Loire, n'eſt qu'un ſel neutre, gras, déliqueſcent, formé par l'union de l'acide marin avec une terre calcaire. Il s'enſuit auſſi qu'une pinte d'Eau de Loire ne contient qu'un grain environ de cette ſubſtance ſaline graſſe, & qu'un tiers environ de grain de terre calcaire jaunâtre libre, c'eſt-à-dire, qui n'eſt qu'interpoſée entre les parties de l'eau, ſans y être unie par aucune combinaiſon ſaline.

ARTICLE SECOND.

Des vertus de l'Eau de la Loire.

DANS la Nature, il eſt des Eaux minérales & des Eaux douces; & parmi celles-ci, des Eaux molles & des Eaux dures. Si dans les Eaux molles, il s'en trouve qui ayent des vertus & ſoient dignes d'éloges, c'eſt ſurement l'Eau de la Loire & toutes celles qui comme elle coulent ſur un beau ſable, ſur de gros cailloux, ou ſur une couche de terre vitrifiable. Les Médecins, les Naturalistes, & RIEGER entr'autres (a), nous ont laissé quelques signes certains auxquels on peut reconnoître la pureté de l'Eau. Mais de tous ces signes, je pense que ceux qui la caractérisent le mieux & en persuadent davantage la bonté & la potabilité, sont l'insipidité & la légereté. Celle-ci nous démontre qu'il y a peu de substances héterogenes; celle-là nous répond de leur innocence. La rapidité fait encore une preuve bien concluante en faveur de la bonté des Eaux, tant à cause que rien ne les épure comme ce mouvement ondulé, que parce que les rivieres rapides ne sont pour ainsi dire point poissonneuses, & qu'il ne peut croître que très-peu de plantes dans leur lit; mais elle ne peut être un signe caractéristique: & qui est-ce qui n'en sent pas la raison? Pour la transparence, bien des personnes la regardent comme le répondant de la pureté des Eaux; cependant, n'est-ce pas la qualité sur laquelle il faut le moins compter? quelles rivieres plus brillantes & plus claires que celles de la Hongrie? quelles rivieres aussi plus poissonneuses & plus suscepti-

(a) *Introductio ad notitiam rerum naturalium.*

bles de corruption ? Sans aller si loin, quelle Eau plus diaphane, & meilleure en apparence que celle de nos Étangs de Sologne ? Cette belle Eau est le rendés-vous des Insectes ; ils en habitent la surface, & les Poissons le fond. La transparence est donc un signe purement précaire & incertain dans le prognostic de l'Eau. L'eau de la Seine est souvent trouble ; malgré cela, elle fait une excellente Boisson (a). On ne doit compter pour rien parmi les matieres qui alterent la simplicité de l'Eau douce, celles qui la troublent ou qui sont simplement confondues avec l'élement aqueux. Ces matieres sont d'ailleurs séparables par la filtration au moyen des Fontaines domestiques.

Il me semble que ceux qui ont attribué à la Seine seule le flux-de-ventre qu'éprouvent le plus ordinairement les Étrangers nouvellement transportés à Paris, n'ont pas bien lu le Traité d'Hippocrate, *De aere, locis & aquis*. Je crois que l'air & le sol pourroient y entrer pour quelque

(a) *Vide thesim disputatam Parisiis anno 1743 à D.* CHEVALIER, *Præside D.* MERY, *Doctore Medico, quæ sic habet*, an salubrior sequana ?

chose, ainsi que les aliments & sur-tout le vin pour beaucoup. Bien des personnes à Paris, faisant leur boisson d'un mêlange d'eau & de vin ont été attaquées de ce dévoiement, que JUNKER appelle *Dyssenteria Parisiaca*, & que M. DE SAUVAGES attribue d'après lui à l'usage inaccoututumé de l'Eau de la Seine; ces mêmes personnes s'en tenant à l'eau pure pour boisson n'ont pas éprouvé la moindre altération dans les premieres voies. Je désirerois que, de cette observation, on pût tirer des inductions utiles; on me passeroit plus aisément d'avoir fait cette digression (*a*). Revenons à l'Eau de la Loire.

(*a*) L'Auteur des nouvelles Fontaines domestiques a attribué la cause du dévoiement de Paris aux Fontaines de cuivre dont on se sert pour garder l'Eau. Quoique le Dictionnaire Encyclopedique appuie cette opinion, je représenterai cependant qu'il s'en faut bien qu'elle soit concluante. Ce n'est pas que je ne sache bien que ces sortes de Fontaines peuvent être dangereuses, quoiqu'étamées; mais si l'Eau parvient jusqu'à détacher quelques parcelles de cuivre, pourquoi ces mêmes parcelles introduites dans les premieres voies affecteront-elles les uns & ménageront-elles les autres? Ni la disposition, ni l'habitude ne peuvent rien dans cette circonstance; la

L'Eau de cette Riviere renferme non-seulement ce que nous venons de reconnoître pour être les seuls signes certains & vraiment caractéristiques de la bonté & de l'excellence de l'Eau, mais encore les qualités que nous n'avons regardées en quelque façon que comme accessoires. Cette Eau est donc insipide, légere, rapide & transparente. Plus belle & plus légere que la Seine, il ne seroit pas surprenant qu'elle possédât plus de vertus qu'elle. Elle est absolument inodore; elle dissout parfaitement le Savon; elle rend le linge aussi blanc que la neige; elle est admirable pour tirer les teintures des diverses substances auxquelles on l'applique. Avec elle, les Légumes cuisent promptement; le Pain devient léger, les mets sont délicats. Avec elle, on rafine le Sucre le plus beau, on prépare la Bierre la plus excellente; on fait le Mortier le plus solide; on tanne le Cuir le plus durable; on lave la Laine avec

---

nature est trop jalouse de la conservation de son individu pour souffrir en paix un ennemi si cruel. D'ailleurs, dans la plûpart des Hôtels garnis, l'on ne sert pas de ces Fontaines: on garde l'Eau dans des vaisseaux de bois pour la plus grande commodité des Hôtes. Quelques-uns, malgré cela, ont la diarrhée; à quoi donc l'attribuer dans ce cas?

peu de déchet, &c. Ce ne ſont pas là les ſeules vertus qu'a l'Eau de la Loire ; elle en poſſede de plus précieuſes & de plus dignes d'éloges. Auſſi eſt-ce ici que les Orléanois devroient s'écrier, *Natura quàm ingens es* ! Jouir de la ſanté, n'eſt-ce pas jouir du plus grand de tous les biens ? La retrouver quand on l'a perdue, n'eſt-ce pas l'Avare qui retrouve ſon tréſor ? l'Eau de la Loire a ce double avantage ; ceux qui en font leur boiſſon ordinaire jouiſſent d'une ſanté robuſte. Quelque choſe vient-il la déranger, on n'a qu'à ſe ſervir d'elle & écouter la nature, cette Garde attentive de nôtre individu, on la verra bien-tôt reparoître. Il ne faut que conſidérer les effets qu'elle procure en la buvant pour ne lui pas conteſter ces prérogatives.

A peine l'avons-nous dans la bouche, qu'elle coule aiſément dans le gozier, laiſſant au palais le plaiſir de la douceur & de la fraîcheur : deſcendue dans l'eſtomach, on ne ſent point qu'elle y ſoit. Elle pénétre inſenſiblement les aliments, & de concert avec les ſucs qui ſe trouvent dans ce viſcere, elle les diviſe. La diſſolution & la digeſtion faites, elle aide à la pâte alimentaire à paſſer dans les petits inteſtins, où cette pâte souffre le dernier dégré d'élaboration. Le chyle qui en fait le résultat est alors plus délié & plus en état de se rendre à l'aide des vaisseaux lactés & du canal thorachique dans le torrent de la circulation. Une partie de l'eau qui reste, après toutes ces opérations, délaie les gros excréments, & contribue à leur sortie. L'autre partie prend les mêmes routes que le chyle pour aller dans les secondes voies. Lorsqu'elle est parvenue dans le poulmon, c'est par dégrés & successivement qu'on éprouve qu'elle est amie de la poitrine, qu'elle facilite la respiration, qu'elle tempere la fougue du sang, qu'elle le divise, qu'elle dissout les sels, qu'elle fournit la transpiration, qu'elle ouvre les voies urinaires, qu'elle laisse à toutes les parties du corps l'impression la plus bienfaisante. *Leves aquæ citò venas permanant, idque duplici ratione, tum quia citò descendunt, tum quia intestina citò egrediuntur.* Galenus *in comment. in lib. Hipp. de aere, locis & aquis.* Chart. tom. 6. pag. 188.

Considérons l'extérieur des personnes qui font de cette Eau leur boisson ordinaire : on remarquera d'abord un teint vermeil, des yeux vifs, une bouche fraîche, une haleine agréable, des dents blanches, de la vigueur dans les membres, & de la fraîcheur dans la peau. Consultons ensuite ceux qui n'ont le plus souvent recours à d'autres Médecins qu'à ceux du célebre DUMOULIN, nous leur verrons prononcer que l'Eau de la Loire est le remede des douleurs de tête, des indigestions, des fiévres, des vapeurs, de la goutte, &c. Si l'on demande notre avis, nous dirons avec cette impartialité qui est le guide de l'honnête-homme, que l'Eau de la Loire est amie de la tête, de la poitrine, de l'estomach & des nerfs; qu'elle doit faire la boisson des femmes grosses & des nourrisses; que la nature & elle font les deux tiers de l'ouvrage dans la guérison des maladies, & que c'est d'après l'expérience que nous ouvrons notre sentiment.

Il y a environ un an que je fus appellé pour une femme du quartier du Ravelin, qui étoit attaquée d'une fiévre ardente. Bien exactement informé, je fis apporter au pied de son lit un seau plein d'eau de riviere. Voilà, lui dis-je, votre boisson & tout votre remede. Cette femme en usa, & avec trois doses pareilles, elle devint convalescente le neuviéme jour de sa maladie. Je trouvai chez un Malade derniérement M *** qui me demanda-

demanda un remede pour détruire un mal de tête continuel qu'il avoit. Je lui fis cette seule question : Buvez-vous de l'eau de la Loire ? Non, me répondit-il ? Je lui conseillai d'en faire sa boisson ordinaire. Le rencontrant quelque tems après, il me dit qu'il s'étoit bien trouvé de ma recette. Beaucoup de personnes sont sujettes le matin (à leur lever sur-tout dans l'Été) à des rapports, des pituites, à des sécheresses de palais & de gozier ; soit que ces désagréments soient produits par un défaut de digestion complette, ou qu'ils viennent de ce qu'on a dormi la bouche ouverte, rien ne les dissipe aussi efficacement qu'un verre d'eau de riviere fraiche pris à jeun. *Aquæ ad orientem spectantes, hæ certè omnium optimæ, ac primariæ sunt ; sicut & quæ inter æstivos Solis exortus & occasus emergunt.* Hippoc. lib. *de aere, locis & aquis.*

Telles sont les vertus que j'ai reconnues dans l'eau de la Loire. Mon dessein a été de les rassembler toutes sur le même tableau. Puisse-t-il être rempli, & me valoir les suffrages du Public ! Je ne parlerai pas ici des avantages que le Commerce perçoit de la Loire. Qui ignore que souvent elle fertilise, elle entretient l'abondance, elle prévient la disette, &c.

ARTICLE TROISIÉME.

Les Orleanois doivent préférer l'Eau de la Loire aux Eaux de Puits pour leurs usages ordinaires.

SI nous réfléchissons sur ce que je viens de dire touchant la nature de l'eau de la Loire, & ses vertus : si nous considerons seulement qu'en général, toute riviere qui coule sur un beau sable ou sur une couche de terre vitrifiable, fournit des Eaux très-pures & très-salubres ; qu'au contraire, la plus grande partie des Puits séjournant sur la marne ou sur des bancs glaiseux, ne fournissent que des Eaux impures, nous sentirons la force de cette assertion. Mais le Public, ennemi de la nouveauté, & sur-tout quand elle est prise aux dépens de sa commodité, demandera peut-être d'autres preuves : on aura beau lui représenter qu'il est presque impossible que l'eau des Puits (étant ramassée dans une espece de bassin où elle est peu renouvellée) ne se charge de tout ce que l'eau qui vient de la surface de la terre, lui amene par une espece de lixiviation, & des ordures que l'air peut lui apporter sous la forme de poussiere : on aura beau lui témoigner que cette conjecture est d'autant plus fondée, que c'est une ancienne observation que l'eau des Puits devient d'autant plus potable, qu'elle est plus tirée : on aura beau lui apporter l'exemple des Puits de Paris, dont l'eau est prodigieusement seleniteuse & chargée de terre calcaire (& même dans quelque Puits jusques au point d'en être toujours trouble ;) lui citer M. MARGGRAF, qui a trouvé l'eau des Puits de Berlin très-chargée de terre calcaire & d'une petite portion de terre gypseuse avec du vrai sel marin & du nitre : toutes ces recherches ne le subjugueront pas. L'Orleanois exigera qu'on lui démontre que l'eau de ses Puits est impure & insalubre. Heureux si je parviens par ce moyen à lui désiller les yeux. L'analise & l'observation, deux guides qui ne peuvent jamais égarer, vont prouver l'un & l'autre. Commençons par l'analise.

ANALISE DE L'EAU DES PUITS de la Ville d'Orleans.

Nous n'avons pas analisé tous les Puits de la Ville : c'eût été un ouvrage d'une trop longue haleine ; de plus une dépense inutile. Les Puits des Hôpitaux & celui de la Prison ont suffit à nos recherches. Nous les avons choisis de préférence, 1°. parce qu'ils sont les plus exercés & les mieux entretenus, 2°. parce qu'ils sont les plus importants à connoître, vu la quantité de personnes qui y ont recours. 3°. Parce qu'ils sont situés dans quatre quartiers différents, & qu'ils sont des mieux aërés. L'Hôpital-Général, l'Hôtel-Dieu, l'Hôpital-Saint-Louis ou *Sanitas*, & la Prison, ont donc servi de Théâtre à nos opérations.

PARAGRAPHE PREMIER.

ANALISE de l'Eau du Puits de l'Hôpital Général.

Cette eau est limpide & transparente, dure & très-âpre au goût.

PREMIERE EXPERIENCE,

Avec le Sirop de Violettes.

L'Eau mêlée avec un peu de ce Sirop verdit considérablement sa couleur.

SECONDE EXPERIENCE,

Avec la dissolution de Mercure par l'acide nitreux.

L'Eau avec cette solution devient d'une couleur laiteuse jaune. Il se forme deſſus ſa ſurface une pellicule de couleur d'Iris, & il ſe précipite un vrai turbith minéral.

TROISIEME EXPERIENCE,

Avec l'huile de Tartre par défaillance.

L'Eau avec cet alkali fixe devient un peu laiteuſe.

M. PROZET a pris vingt-cinq pintes de cette Eau ; il les a filtrées & ſoumiſes enſuite à l'évaporation, en ſuivant toujours le dégré moyen de l'eau bouillante. Quand l'eau a été évaporée à peu près de la moitié, il ſe formoit continuellement ſur ſa ſurface une pellicule blanchâtre. A meſure qu'il s'en formoit, elle ſe précipitoit preſqu'auſſitôt, & dans l'inſtant de la précipitation, l'eau devenoit trouble & laiteuſe. Lorſque les vingt-cinq pintes ont été reduites à une chopine, on a bien remué la liqueur pour enlever tout le dépôt qui étoit au fond du vaiſſeau, & on l'a paſſée au filtre. Nous avons enſuite verſé à pluſieurs repriſes de l'eau diſtillée bouillante ſur la matiere terreſtre qui étoit reſtée ſur le filtre, afin qu'elle entraînât toutes les parties ſalines qu'elle pouvoit contenir. Après cette manœuvre, on a ajoûté la liqueur filtrée (qui étoit d'une couleur jaunâtre) à l'eau de toutes ces lotions, & on a fait sécher exactement la substance terreuse qui étoit demeurée sur le filtre.

Cette matiere séche, on l'a pesée : son poids a été de deux gros & de deux scrupules. On l'a mise après dans une capsule de verre, & on a versé dessus de l'esprit de nitre, pour dissoudre la terre calcaire qui pouvoit y être contenue : il s'est fait sur le champ une effervescence des plus violentes ; cette effervescence finie, on a versé encore de l'esprit de nitre ; aussitôt elle a reparu. On a continué cette opération jusqu'à ce que l'acide nitreux n'occasionnât plus d'effervescence. Le tout ensuite a été mis sur le filtre, afin de séparer un dépôt blanchâtre qui étoit au fond de la capsule, & sur lequel l'esprit de nitre n'avoit eu aucune action. Le dépôt resté, on l'a bien édulçoré avec de l'eau distillée, & on l'a fait sécher pour le peser : son poids a été de quatre-vingt grains.

Nous avons mélangé cette substance avec une égale quantité de poudre de charbon : on a jetté le tout dans un petit creuset qu'on a fermé exactement, &

qu'on a exposé pendant une heure à l'action d'un feu violent dans un fourneau de fusion. Après cet intervalle, nous l'avons retiré du feu ; on a lessivé le mélange avec de l'eau distillée. De-là on a passé à la filtration. La liqueur qu'on en a retirée a été d'un jaune verdâtre. Nous avons versé dessus du vinaigre distillé ; alors il est arrivé plusieurs phénomenes. 1°. Il s'est fait sur le champ une effervescence. 2°. Il s'est élevé une odeur très fétide d'œufs couvés. 3°. On a vu nager en même temps quelques floccons jaunes qui, ayant été ramassés & mis sur un charbon ardent, ont brûlé en répandant une petite flamme bleue. De semblables phénomenes n'ont plus permis de douter que la substance insoluble par l'acide nitreux étoit une selenite, c'est-à-dire, un sel neutre formé par l'union de l'acide vitriolique avec la terre calcaire.

Ces Expériences finies, nous avons repris la liqueur filtrée (que nous avons dit être jaunâtre), & nous l'avons concentrée jusqu'à ce qu'il n'en restât qu'une demie once. Il s'est précipité encore deux grains de selenite. La liqueur a été portée à la cave pour la faire cristalliser : les cristaux qu'on en a obtenus étoient oblongs & pesoient tous ensemble huit grains : ils ont été reconnus pour être du sel de glauber. On a évaporé la liqueur surnageante jusqu'à la réduction d'un gros ; elle est devenue rousse & grasse : on l'a portée à la cave ; mais elle a refusé constamment de donner de nouveaux cristaux.

Quelques gouttes de cette liqueur mêlée avec une once d'eau distillée où l'on avoit versé un peu d'huile de tartre par défaillance, nous ont fourni un précipité terreux blanchâtre.

Quelques gouttes de cette même liqueur versées dans une solution de mercure par l'esprit de nitre, nous ont fourni un vrai précipité blanc ; Expérience qui démontre l'existence de l'acide marin dans cette liqueur.

Nous avons versé sur une partie de cette liqueur déliquescente quelques gouttes d'huile de vitriol ; il s'est fait sur le champ un précipité selenitique, & il s'est élevé quelques vapeurs rougeâtres qui avoient une odeur safranée. La couleur de ces vapeurs nous a fait connoître l'existence de l'acide nitreux dans cette liqueur, de même que le précipité blanc de la solution de mercure nous y a démontré celle de l'acide marin. Ainſi nous croyons pouvoir aſſurer que cette liqueur déliqueſcente eſt en tout ſemblable à l'eau-mere des Salpêtriers, & que par conſéquent elle contient deux ſels à baſe terreuſe ; l'un formé par l'union de l'acide marin a une baſe calcaire ; & l'autre formé par celle de l'acide nitreux a cette même baſe. Nous croyons cependant que le ſel marin à baſe terreuſe y eſt plus abondant que le ſel nitreux.

COROLLAIRE.

Il ſuit de toutes ces Expériences, que ving-cinq pintes d'eau du Puits de l'Hôpital-Général contiennent cent douze grains de terre calcaire, quatre-vingt-deux grains de ſelenite, huit grains de ſel de glauber, & un gros d'une eau-mere analogue à celle des Salpêtriers. Il s'enſuit auſſi que chaque pinte d'eau de ce Puits renferme quatre grains & environ un demi grain de terre calcaire ; trois grains & environ un tiers de grain de ſelenite ; un tiers de grain environ de ſel de glauber, & environ trois grains d'une eau-mere.

PARAGRAPHE SECOND.

Analiſe de l'eau des Puits de l'Hôtel-Dieu (a).

L'eau du Puits-Saint-Nicolas eſt limpide & tranſparente ; mais elle laiſſe, après l'avoir bue, un petit goût dur & âpre.

PREMIERE EXPERIENCE,

Avec le Sirop de Violettes.

L'eau mêlée avec un peu de ce Sirop verdit ſa couleur.

SECONDE EXPERIENCE,

Avec la diſſolution de mercure par l'acide nitreux.

L'eau avec cette ſolution devient très laiteuſe ; repoſée, elle donne un précipité jaune qui eſt un vrai turbith minéral.

TROISIEME EXPERIENCE,

Avec l'huile de Tartre par défaillance.

L'eau avec cet alkali fixe devient d'une couleur opale.

(a) Il y a à l'Hôtel-Dieu trois Puits dont on ſe ſert tous les jours. Le plus grand qui eſt le plus exercé eſt appellé *Puits S. Nicolas ;* le ſecond, *Puits de la Buanderie ;* le dernier eſt appellé *Puits du Jardin.* Nous avons analiſé les trois Puits pour ſavoir quel étoit celui qui fourniſſoit la meilleure Eau

M. Prozet a évaporé vingt-cinq pintes d'eau de ce Puits : elles nous ont fourni les mêmes phénomenes que la même quantité d'eau du Puits de l'Hôpital-Général (Voyez la page 29) à l'exception cependant que les produits n'ont pas été si considérables. Le Puits de l'Hôtel-Dieu n'a donné que cent quatre grains de terre calcaire ; cinquante grains de selenite ; six grains de sel de glauber. Pour l'eau-mere, il y en a eu autant que dans celui de l'Hôpital-Général. (Voyez la page 33.)

Le Puits de la Buanderie nous a fourni par les deux analises les mêmes remarques & les mêmes résultats que le Puits de l'Hôpital-Général. (Voyez les pages 29 & 33.)

Le Puits du Jardin contient une eau qui est la même pour la limpidité, pour la saveur & pour les produits que le Puits-Saint-Nicolas. (Voyez ci-dessus.)

Corollaire.

D'où il suit que chaque pinte d'eau du Puits Saint-Nicolas & de celui du Jardin renferme quatre grains & environ un tiers de grain de terre calcaire ; deux grains de selenite ; un quart de grain environ de sel de glauber, & autant d'eau-mere, que la pinte d'eau du Puits de l'Hôpital-Général.

Quant à la pinte d'eau du Puits de la Buanderie, il y entre les mêmes produits que dans celle du Puits de l'Hôpital-Général. (Consultés le Corollaire précédent.)

PARAGRAPHE TROISIEME.

Analise de l'eau du Puits de l'Hôpital-Saint-Louis ou Sanitas.

Cette eau est claire & limpide : elle laisse en la bûvant une saveur un peu moins dure & âpre que l'eau du premier Puits de l'Hôtel-Dieu.

PREMIERE EXPERIENCE,

Avec le Sirop de Violettes.

L'eau mêlée avec un peu de ce Sirop verdit sensiblement sa couleur.

SECONDE EXPERIENCE,

Avec la dissolution de mercure par l'acide nitreux.

L'eau avec cette solution devient d'une couleur laiteuse jaunâtre, & fournit aussi-tôt un précipité qui est toujours le turbith minéral.

TROISIEME EXPERIENCE,

Avec l'Huile de Tartre par défaillance.

L'eau avec cet alkali fixe prend une couleur opale claire.

M. PROZET a filtré, évaporé ensuite vingt-cinq pintes de cette eau. Après avoir suivi constamment les mêmes opérations que nous avons exposées ci-dessus, il en a obtenu un gros de terre calcaire, un demi gros de selenite, & trois gros d'eau-mere des Salpêtriers.

COROLLAIRE.

D'où il suit que chaque pinte d'eau du Puits de l'Hôpital-Saint-Louis contient environ trois grains de terre calcaire, un grain & demi environ de selenite, huit grains & un peu plus d'un demi grain d'eau-mere.

PARAGRAPHE QUATRIEME.

Analise de l'Eau du Puits de la Prison.

Cette eau est claire & d'un goût bien moins dure & âpre que celle des autres Puits.

PREMIERE EXPERIENCE,

Avec le Sirop de Violettes.

L'eau mêlée avec un peu de ce Sirop verdit sa couleur.

SECONDE EXPERIENCE,

Avec la dissolution de mercure par l'acide nitreux.

L'eau avec cette solution prend aussitôt la couleur laiteuse. Insensiblement elle la quitte pour prendre celle de jaune : quelque temps après, il se forme un précipité d'un blanc jaunâtre.

TROISIEME EXPERIENCE,

Avec l'Huile de Tartre par défaillance.

L'eau avec cet alkali fixe devient d'une couleur opale très légere.

Vingt-cinq pintes de cette eau soumises au filtre, au feu & à tous nos autres procédés n'ont donné pour résultat que quarante-quatre grains de terre calcaire ; seize grains de selenite, & deux gros d'eau-mere.

COROLLAIRE.

Il n'entre conséquemment dans chaque pinte d'eau du Puits de la Prison qu'un grain & un peu plus d'un demi grain de terre calcaire ; un peu plus d'un demi grain de selenite, & près de six grains d'eau-mere.

L'analiſe de l'eau des Puits faite, les ſubſtances qu'elle fournit, expoſées, la quantité de ces ſubſtances contenue dans chaque pinte d'eau, démontrée, il me reſte à conclurre que les eaux de la Ville ſont impures & des plus impures. En douter, ce ſeroit ſacrifier nos Expériences aux préjugés, & les doutes alors ne pourroient rejaillir que ſur celui qui oſeroit les former. Il n'y a perſonne qui ne puiſſe abſolument vérifier nos épreuves; mais ſi l'on ne veut pas s'en donner la peine, qu'on en reſume du moins les réſultats; on verra que l'eau devient verte avec le Sirop de violettes; laiteuſe, jaunâtre, avec la diſſolution de mercure par l'acide nitreux, & d'une couleur opale avec l'huile de Tartre par défaillance. De ſemblables phénomenes ne déſignent ſûrement pas la pureté d'une eau: au contraire qui eſt-ce qui peut davantage dépoſer contre elle? à moins qu'on ne prétendît qu'une grande quantité de terre calcaire, que la ſelenite, l'eau-mere, qui ſont les principes ſubſequents de ces phénomenes ne fuſſent pas ſuffiſants pour vicier l'eau: ce qui repugneroit à la ſeine raiſon, & ne ſuppoſeroit pas la moindre connoiſſance dans celui qui penſeroit ainſi. Le Sirop de violettes, la ſolution de mercure, l'alkali fixe, n'ont alteré d'aucune façon l'eau de la Loire, parce qu'elle eſt très bonne ; & ſi on y a trouvé ſur chaque pinte d'eau un peu de ſubſtance terreuſe, c'eſt que dans la Nature, ainſi que je l'ai déja dit, il n'y a pas d'eau ſtrictement pure.

Pour revenir à l'eau des Puits, ne perdons point de vue ce que nous avons regardé comme les ſignes caractériſtiques de la bonté & de la potabilité d'une eau quelconque ? Ne ſont-ce pas l'inſipidité & la légereté ? Les eaux de nos Puits ont toutes du plus au moins une ſaveur dure & âpre ; (Voyés ci-deſſus.) La même pinte dont on s'eſt ſervi pour peſer l'eau de la Loire, remplie d'eau de Puits, peſe trente-ſix onces, deux gros, ſoixante grains ; tandis que la même quantité d'eau de Loire peſe environ un gros de moins. (Voyés la page 9.) Si nous appliquons les ſignes que RIEGER décrit pour reconnoître ſûrement la pureté de l'eau, nous ſerons à portée de juger que l'eau de nos Puits eſt bien loin d'y atteindre. Le Savon ne s'y diſſout point, ou ne s'y diſſout qu'imparfaitement : le Linge s'y blanchit mal : les Légumes n'y cuiſent qu'avec qu'avec beaucoup de temps, &c. &c. Voilà l'impureté des eaux des Puits de la Ville, bien établie, si je ne me trompe. Tâchons d'en établir de même l'insalubrité par l'observation.

OBSERVATIONS SUR L'EAU des Puits de la Ville d'Orleans.

Qui, mieux qu'HIPPOCRATE, a observé & décrit les maux auxquels s'exposent les personnes qui boivent des eaux chargées & pesantes? les voici tels qu'ils sont exprimés dans son Traité *De aere, locis & aquis* : chacun pourra faire là-dessus ses réflexions. „ Ceux, „ dit-il, qui font leur boisson d'une eau „ chargée de parties héterogènes, ont „ la ratte ample & engorgée, le ventre „ dur, resserré & chaud; les clavicules, „ les épaules contrefaites; la face blasée, „ les jambes variqueuses & souvent ulcerées. Ils sont maigres, mangeurs, „ & souvent dévorés par la soif; sujets „ à des constipations qui exigent les „ plus forts purgatifs; ils éprouvent en „ été des dissenteries, des diarrhées, „ & des fiévres quartes. Ces maladies „ prolongées & enracinées, on voit finir „ les personnes qui en sont atteintes par

„ des hydropisies de quelque espèce „ qu'elles soient. En hyver, les adultes „ sont attaqués de fluxions de poitrine „ & de fiévres malignes ; les vieillards, „ de fiévres ardentes à cause de la dure- „ té & de la paresse de leur ventre : les „ femmes ont les cuisses & les jambes „ œdemateuses ; elles conçoivent avec „ peine, accouchent difficilement, & „ mettent au monde des enfants grands „ & bouffis. Ces enfants sont sujets à „ des hernies. Souvent il arrive aussi „ que les femmes croient être grosses, „ & quand le terme est venu, cette „ grossesse s'évanouit ; ce n'étoit qu'une „ enflure occasionnée par l'eau qui s'étoit „ amassée dans la matrice. „ A ces traits, seroit-il impossible de se reconnoître...? On voit bien que la Nature est par-tout la même. Qui en sera jamais mieux convaincu que le Prince de la Médecine ?

Quoique cette description pût s'appliquer en entier à la Ville que nous habitons, je n'insisterai cependant pas sur aucune de ses particularités : je me contenterai seulement d'insérer dans ce mémoire ce que ma propre expérience m'a appris touchant ce sujet. De tous les maux qui affectent le citoyen d'Orleans, les plus familiers sont les constipations, les douleurs d'estomach, la migraine, l'histerie, l'hippocondrie, la colique néphretique, la mauvaise odeur de la bouche & le saignement des gencives. Toutes ces affections sont endemiques: elles ne peuvent consequemment couler que d'une source commune & générale; mais où la trouver, si nous ne la cherchons dans les choses non naturelles (*a*). *Quum quis ad urbem sibi ignotam pervenerit, hunc ejus situm considerare oportet; quomodò & ad ventos, & ad solis ortum jaceat. . . . Quomodò ex aquis se habeant incolæ, num palustribus utantur ac mollibus; an duris & ex sublimibus & saxetis scaturientibus; & an salsis & indomitis*, &c. Hipp. lib. *de aere, locis & aquis.*

1°. Nous ne devons former aucun soupçon sur l'air : la Ville étant exposée au sud le long de la Loire; cette riviere coulant de l'est à l'ouest; le vent dominant, étant le vent d'est; le sol étant sec & élevé, l'habitant ne respire qu'un air libre & temperé, dont il sait

(*a*) Les Médecins entendent par les choses non naturelles, l'air; les aliments & la boisson; le mouvement & le repos; le sommeil & la veille; les excréments & les recréments; les passions de l'ame.

apprécier les avantages. 2°. Nous ne pouvons pas accuser le mouvement & le repos ; l'Orleanois est du nombre de ceux qui savent tenir le milieu dans tout. 3°. Devons nous nous en prendre au sommeil & à la veille ? la raison précédente n'y est-elle pas formellement contraire ? 4°. Les passions de l'ame ne nous éclairciront pas davantage : on est dans ce païs d'un caractère doux, paisible. Les mœurs y sont épurées & les plaisirs modérés. Il nous reste donc à considérer si ce sont les aliments ou les excréments, ou enfin la boisson, qui soit la cause éloignée ou l'origine des incommodités dont nous venons de parler : mais, qui ne rendra pas justice à nos aliments ? Il n'y a peut-être pas de Ville en France, sans même en excepter la Capitale, qui soit mieux servie en viandes, volailles, gibier, poissons & légumes, que celle que nous habitons. Je ne fais pas mention du pain, parce qu'il pourroit être meilleur, si l'on obligeoit les Boulangers de se servir de l'eau de la Loire. A l'égard des excréments, leur suppression ne pourroit jamais faire qu'une cause prochaine des maux en question ; il est par conséquent inutile de s'y arrêter, puisqu'il s'agit d'établir ici une cause éloignée, commune & générale que nous trouverons nécessairement dans la boisson.

L'eau est un des dissolvants principaux de l'œconomie animale. Légere, elle facilite & accélere toutes les fonctions de notre individu. Grossiere, elle en retarde l'exécution ; souvent même elle l'empêche tout à-fait. Le citoyen d'Orleans fait sa boisson ordinaire de l'eau d-s Puits ; cette eau est chargée de terre calcaire, de selenite, & d'une eau mère analogue à celle des Salpêtriers. Une eau semblable peut-elle ne pas être pernicieuse ? Voyons ses effets, & nous déciderons sans prévention. A peine est-elle dans le gozier qu'elle laisse un goût d'aprêté sensible ; parvenue dans l'estomach, elle irrite les membranes de ce viscère ; quelque temps après, elle y cause une pesanteur qu'il est presqu'impossible de ne pas observer : introduite dans le canal intestinal, elle ne délaie que lentement les matieres excrémentielles, & ne les abreuve pas assez pour être expulsées à temps. Ces matières séjournant au-delà du terme prescrit par la nature, elles se cantonnent dans les cellules & s'y durcissent : les parois des intestins se trouvent compriinées, le mouvement periſtaltique gêné; la chaleur s'y concentre, l'air s'y rarefie, les vaiſſeaux nerveux ſe criſpent, ſe raccorniſſent ; la tête s'en reſſent par l'étroite correſpondance qu'a cette partie avec le bas-ventre.

La ſcène ne finit pas là. L'acteur change ſeulement de place. L'eau paſſe dans le ſang. Ici, ſon action n'eſt pas à la vérité ſi animée, les premières voies ont fixé la plus grande partie de ſes forces : mais malgré cela, nos organes ne laiſſent pas d'en être affectés. Le ſang avec toute ſon activité naturelle ne ſauroit briſer les molecules groſſières de cette eau. La nature a beau redoubler ſon attention, prévenir ſes agents du danger, il n'y a jamais que les principaux qui puiſſent profiter de l'ordre ; les autres, ſûrs de ſuccomber, cedent au moindre effort de l'ennemi. En effet, comment voudroit-on que ces couloirs déliés, ces vaiſſeaux lymphatiques, ces canaux qui échappent aux yeux puſſent chaſſer ces ſubſtances terreſtres & corroſives qui ſe trouvent dans l'eau des Puits, tandis que les plus conſidérables ont toute la peine poſſible à s'en débarraſſer ? N'en doit-il pas réſulter un rallentiſſement dans le cours des liqueurs, des embarras

& un vice glutineux qui altere la masse ? *Aqua indomitæ seu salsæ longo tempore in ventre resident, eumque aggravant.* Galenus *in comment. in lib. Hipp. de aere, locis & aquis.* Chart. tom. 6. pag. 188.

Ceci n'est point une conséquence hasardée. Qu'on fasse attention que les Buveurs d'eau de Puits sont pâles, lents; qu'ils transpirent peu & n'urinent que rarement. Le mouvement du sang dans ces personnes n'est donc point aussi libre qu'il devroit l'être; les secrétions, les excrétions se font mal; les glandes s'engorgent; leurs sucs en séjournant deviennent acrimonieux; ils s'échappent enfin, mais c'est pour corroder & déchirer les parties voisines. A l'Hôtel-Dieu, l'on ne se sert d'autre eau que de celle des Puits : aussi qu'y remarque-t-on ? des Dames Religieuses pâles, bouffies, sujettes à des maux d'estomach, des dégoûts, &c. des domestiques qui sont obligés de s'aliter de temps en temps; des malades qui deviennent dans la maison cachectiques, hydropiques, ou qui, cherchant à prolonger leur convalescence, autant qu'on veut le souffrir, tombent dans la langueur & le marasme. Voilà des faits qui ne quadrent que trop avec la maniere d'agir de l'eau des Puits, que nous venons d'expliquer. Peſons les, & nous ſerons néceſſités d'y rapporter l'origine de tous les maux endemiques Orleanois que nous avons décrits ci-deſſus. Si tous les habitans ne ſont pas généralement affectés de la boiſſon de l'eau des Puits, c'eſt que ceux qui ont le ventre grand & ſain, la veſſie peu échauffée, le col de cette poche bien temperé, la peau peu huileuſe, peuvent n'en pas redouter les effets ordinaires, parce qu'ils ont les premières voies libres, la tranſpiration abondante, & qu'ils urinent facilement. Mais comme l'on ne conclut que du général & non du particulier, il n'eſt pas moins vrai de ſoutenir que l'eau des Puits de la Ville donne une boiſſon des plus pernicieuſes : que l'analiſe conſtate ce fait, & que l'obſervation le démontre.

De quelle eau doit-on donc faire ſa boiſſon dans ce païs ? de l'eau de la Loire ; cette eau légere & inſipide, qui ne donne par pinte qu'une foible quantité de ſubſtance terreſtre ; cette eau dont la ſalubrité a été reconnue des plus grands Médecins. Ces obſervations exactes ne peuvent pas être avantageuſes aux habitans d'Orleans ſeulement, mais encore à toutes les autres Villes

&

& Paroiſſes ſituées ſur les bords de la Loire.

Ces mêmes obſervations nous menent à cette dernière réflexion. L'eau commune eſt la boiſſon de tous les animaux : elle ſert d'excipient dans un très-grand nombre de préparations pharmaceutiques, & elle eſt la boiſſon la plus générale des hommes. Cette boiſſon ſalutaire a été de tout temps comblée des plus grands éloges par les Philoſophes & par les Médecins. La ſanté la plus conſtante & la plus vigoureuſe a été promiſe aux Buveurs d'eau comme un ample dédommagement des plaiſirs paſſagers que l'uſage des liqueurs fermentées auroient pu leur procurer. La loi de la Nature, interprétée ſur l'exemple des animaux, a fourni aux Apologiſtes de l'eau un des arguments ſur lequel ils ont inſiſté avec le plus de complaiſance. L'expérience confirme que les Buveurs d'eau mis en oppoſition avec les Buveurs de vin, jouiſſent plus communément d'une bonne ſanté que ces derniers. Les premiers ſont moins ſujets à la goutte, aux rougeurs des yeux, aux tremblements de membres & aux autres incommodités que l'on compte avec raiſon parmi les ſuites funeſtes de l'uſage des liqueurs ſpiritueuſes. L'eau eſt le meilleur diſſolvant des aliments, & les perſonnes qui ne boivent que de l'eau dans leur répas éprouvent cette légereté de corps & cette ſérenité paiſible de l'ame, qui annoncent la digeſtion la plus facile & la meilleure. Il n'eſt pas moins conſtant que les habitans des pays où le vin manque, ſont plus forts & plus laborieux que ceux où cette liqueur eſt ſi commune.

Le Dictionnaire Encyclopedique, où ſe trouve renfermée cette réflexion, fait obſerver avec fondement qu'elle ne peut être judicieuſe, & répondre des avantages qu'elle déſigne, qu'autant qu'il s'agit d'une eau légere & inſipide. Or telle eſt l'eau de la Loire; buvons-en donc, & nous dirons avec CYRUS que le meilleur breuvage eſt celui que l'on puiſe dans le courant d'un fleuve. *Is verò (CYRUS) dixerat potum eum qui de præterfluente amne hauriretur.* XENOPHON *de Inſtit. Cyri Hiſt. lib.* 4.

On croit aſſez communément que nos Puits tirent leur principale origine de la Loire : cela eſt vrai pour quelques-uns. Il eſt aiſé de diſtinguer ceux-ci des autres par l'eau trouble qu'on y puiſe dès que la Loire croît. Mais, eſt-on dans le cas d'inférer de-là que l'eau de ces Puits est aussi bonne & aussi pure que l'eau de la riviere ? Laissons pour un moment les canaux qui la charient dans les bassins, & les bancs argilleux sur lesquels elle repose ; considérons seulement les eaux de pluies infectées dans les Villes par bien des moyens, qui, filtrant à travers la terre, se mêlent avec l'eau de Puits : ne trouverons-nous pas ces eaux suffisantes pour communiquer des qualités nuisibles à nos Puits ? Une circonstance qui appuieroit cette vérité, si elle en avoit besoin, c'est que les Puits qui sont dans les quartiers bas, & où s'écoulent facilement les eaux, sont bien moins chargés de principes malfaisants que ceux qui occupent le centre de la Ville. Jugeons-en par celui de la Prison. Je n'insisterai pas davantage sur cela, puisque je crois l'avoir démontré d'une autre maniere. Passons à deux objets qui méritent naturellement notre attention.

Ces objets sont d'indiquer les moyens qui seroient praticables, pour que le citoyen pût se procurer aisément l'eau de la Loire dont il a besoin pour son usage, & ceux dont il pourroit se servir pour la dépurer lorsque les inondations la rendent trouble. Voilà quel seroit mon avis touchant le premier Article; il s'agiroit d'établir ſur les bords de la riviere ſix Batteaux, dont quatre ſeroient placés du côté de la Ville, & les deux autres du côté des Portereaux. On placeroit ceux du côté de la Ville; le premier vis à vis la Tour-Neuve, les deux ſuivants vis-à-vis les Pavillons, & le dernier vis à-vis la Porte-Barentin. Ceux des Portereaux ſeroient, l'un vis-à-vis la rue du Coq, & l'autre vis-à-vis la Rafinerie de M. de Malmuſſe. On fixeroit ces Batteaux avec toutes les précautions néceſſaires, & de façon qu'ils puſſent ſuivre toutes les révolutions de la Loire: on attacheroit dans chacun une pelle à Batteau dont les Puiſeurs d'eau ſe ſerviroient en cas de beſoin. Ces Batteaux n'auroient ni l'incommodité ni le danger de ces Ponts tronqués qu'on a pratiqué ſur la Seine pour les Porteurs d'eau, & on en jouiroit en tout temps. Cet établiſſement fait, on en publieroit le but, en y comprenant le ſujet qui y a donné lieu. La choſe ainſi annoncée feroit impreſſion ſur le Public, & ce ſeroit même l'unique moyen d'en être approuvé. L'Artiſan alors iroit lui-même puiſer l'eau; le Bourgeois ſe la feroit apporter à peu de frais; on fourniroit par-là une sorte d'occupation au Pauvre & à ces Personnes désœuvrées qui se trouvent partout. Peut-être même que par la suite il se formeroit un corps de Porteurs d'eau. Ce projet, me dira-t-on, ne peut être que d'une foible utilité pour les maisons où il se fait une grande consommation d'eau, comme dans les Communautés, le Séminaire, &c. mais ne peut-on pas y suppléer par le moyen des voitures? A l'Hôtel-Dieu, par exemple, où il est d'une nécessité indispensable de faire usage de l'eau de la Loire, on doit charger le voiturier de la Maison d'en faire la provision chaque jour pour les Malades & ceux qui les servent.

Quand au second Article, on a imaginé différents moyens de purifier l'eau. Le meilleur & le plus praticable est de se servir des Fontaines domestiques. On appelle en général *Fontaine domestique*, un vaisseau qui contient l'eau destinée à la boisson & aux autres usages d'une maison. Nous en connoissons de différentes especes: 1°. Les Fontaines de cuivre étamées; 2°. celles de cuivre étamées sablées; 3°. celles de plomb sablées & à éponge; 4°. celles de grais ſablées. Quoiqu'il y ait encore aujourd'hui des perſonnes qui croient pouvoir ſe ſervir indiſtinctement de ces ſortes de Fontaines, nous dirons cependant qu'il y a un choix à faire. Les Fontaines de cuivre, malgré la précaution qu'on prend de les étamer exactement, peuvent être dangereuſes. D'ailleurs, eſt-il bien prouvé que l'Étain ſoit un métal innocent? celles de plomb qu'on leur a ſubſtituées ſont-elles plus ſures? Quelques Médecins ſoutiennent que non. Heureuſement on en a fabriqué de grais qui méritent d'être préferées à tous égards. Celles-ci ſont moins chéres & plus commodes; & ce qu'il y a d'eſſentiel, c'eſt qu'elles ſont fort ſaines, le grais n'étant qu'une terre argilleuſe, ſabloneuſe & ferrugineuſe qui a ſubi une demi-vitrification, & qui approche de la nature de la Porcelaine. C'eſt donc dans cette dernière eſpéce de Fontaine ſablée qu'on doit mettre dépurer l'eau de la Loire, ſi l'on veut ne pas la boire trouble. Je dis, ſi l'on ne veut pas la boire trouble, parce que dans cet état elle ne laiſſe pas d'être une excellente boiſſon, ainſi que nous l'avons remarqué en parlant de la Seine.

Maintenant que nous ſommes inſtruits de tout ce qui concerne la Loire & les

Puits de cette Ville, je vais paſſer au dernier Article & parler du Loiret. On n'ignore probablement pas une Anecdote qu'on dit être arrivée l'an 1612. Le Duc de Partrana, Ambaſſadeur d'Eſpagne en France, eſtimoit tellement l'eau du Loiret, qu'il en envoyoit chercher de Paris toutes les ſemaines. On la puiſoit à la Source même, & l'Ambaſſadeur n'en buvoit point d'autre. Cette Anecdote peut être vraie ; mais ſeroit-elle fondée ?

ARTICLE QUATRIÉME.

Du Loiret.

LE Loiret *Ligerulus* eſt une petite Rivière des environs d'Orleans, qui coule depuis le Château de la Source juſques au-delà du Pont de S. Meſmin, où elle ſe jette dans la Loire après un cours d'environ deux lieuës. Cette Rivière naît au milieu des Jardins du Château, de pluſieurs Sources entre leſquelles il y en a deux conſidérables : l'une qu'on appelle la grande Source, & l'autre la petite Source. Celle-ci ſort de deſſous terre par une bouche de cinq à ſix pieds de circonférence, d'où l'eau s'élance avec plus ou moins de force & d'abondance, suivant que les eaux de la Loire sont plus hautes ou plus basses. Cette force lui fait former au-dessus de sa superficie un bouillon dont l'effort amorti par la pression de l'air permet aux eaux de se répandre à la ronde dans un bel & grand bassin fait de main d'homme. La grande Source qui est au-dessous de de la petite sort par une ouverture de huit à neuf pieds de circonférence, d'un abîme dont jusqu'ici on n'a pu trouver le fond.

Il est probable que les Sources du Loiret tirent immédiatement leur origine de la Loire, & qu'elles ne sont qu'un épanchement des eaux de cette rivière par quelque canal souterrain. Ces deux Sources, par leurs crues inopinées, & sur-tout par l'impétuosité du bouillon de la petite Source, annoncent ordinairement les débordements de la Loire vingt-quatre heures avant qu'on apperçoive dans la Ville aucune augmentation dans cette riviere. Cela ne semble-t-il pas établir la communication de la Loire & du Loiret, & prouver que celle-là est déja débordée à quelques journées au-dessus d'Orleans ?

Le

Le Loiret nourrit beaucoup de poissons & de plantes (*a*). Il est froid en Été, chaud en Hiver & il ne gele jamais: propriété qu'ont presque toutes les eaux souterraines. Ses eaux sont dormantes & ont un mouvement à peine sensible. Elles sont transparentes & d'un verd foncé, à la différence de celles de la Loire dont la couleur est blanche. Leur saveur est herbacée, malgré cela agréable. Elles n'alterent point la couleur bleue du Sirop de violettes. Avec la dissolution de mercure par l'acide nitreux, elles montrent à leur surface une pellicule d'Iris, prennent une couleur blanche laiteuse, & donnent quelque temps après un précipité jaune. Avec l'huile de tartre par défaillance, elles gardent leur couleur naturelle.

M. PROZET a filtré & évaporé vingt-cinq pintes d'eau du Loiret. Cette quan-

(*a*) Tous les Poissons qui sont de résidence dans la Loire, se trouvent dans le Loiret, avec cette différence qu'ils sont ici dans une plus grande quantité. Outre cela le Loiret nourrit beaucoup de Gardons, d'Ables & de Dards.

Les Plantes qui croissent dans cette riviere sont un grand nombre de Plantes aquatiques, entre lesquelles les *Potamogeton* & les *Nymphæa* dominent.

tité réduite à un tiers environ, l'eau a commencé à devenir louche, & a fait voir à sa superficie une espece d'écume blanchâtre. On a continué l'évaporation jusques à la réduction d'environ huit onces : il s'est formé un dépôt terreux qu'on a séparé de la liqueur par le moyen du filtre. Ce dépôt étoit d'un gris jaunâtre; lorsqu'il a été sec, il pesoit un gros, deux grains.

La liqueur filtrée étoit d'une couleur jaune, brune foncée. On l'a faite évaporer dans un petite capsule de verre jusques à ce qu'il n'y en eût plus qu'environ trois gros : la capsule a été portée ensuite à la cave, & l'on a obtenu douze grains d'un sel cubique roux qui a décrépité sur le charbon, & qui par conséquent étoit du sel marin. La partie qui a refusé constamment de se cristalliser, & qui étoit épaisse & noirâtre, a été totalement desséchée, & on en a obtenu quarante huit grains d'une substance saline noirâtre déliquescente. Cette substance avoit un goût qui dénotoit évidemment l'existence du sel marin; & si ce sel n'a pu se cristalliser, c'est la grande quantité de substance mucilagineuse extractive qui s'y est opposée.

Nous avons mis un peu de cette

ſubſtance ſur le charbon ardent ; il s'eſt fait une petite décrépitation, & il eſt reſté une matiere charbonneuſe légere. Nous avons diſſous quelques grains de la ſubſtance ſaline extractive dans un peu d'eau diſtillée ; on y a verſé quelques gouttes de ſolution de mercure, il en eſt réſulté un vrai précipité blanc. L'huile de tartre par défaillance n'a procuré aucune précipitation ſenſible, ſi ce n'eſt quelques floccons brunâtres qui nageoient dans la liqueur. On a verſé ſur un peu de la même matiere ſaline extractive quelques gouttes d'acide vitriolique, il s'eſt fait ſur le champ une effervescence pendant laquelle il s'élevoit des vapeurs blanchâtres d'une odeur ſafranée. Qui peut mieux que ces expériences démontrer l'exiſtence de l'acide marin dans les eaux du Loiret.

A l'égard du dépôt terreux, ſa couleur jaunâtre faiſant ſoupçonner la préſence de quelques particules martiales très diviſées, on a eu recours à l'expérience citée par M. Marggraf dans le 27e Paragraphe de ſon Examen Chymique des eaux de Berlin. Nous avons donc pris la moitié du reſidu terreſtre ; après l'avoir calciné pendant une demie heure à un feu léger ſous une moufle, il eſt devenu d'une couleur blanche un peu jaunâtre : on l'a mis dans une phiole, & on a versé dessus une suffisante quantité d'esprit de vitriol (fait d'un mélange de trois parties d'eau distillée & d'une partie d'huile de vitriol blanche) ; il s'est fait alors une vive effervescence. Nous avons placé ensuite la phiole sur les cendres chaudes pendant une demi heure : on a laissé reposer la liqueur qu'on a décantée après en la versant dans un verre. Nous y avons versé peu à peu de l'alkali phlogistiqué ; la liqueur a pris aussi-tôt une couleur bleuâtre, & il s'est précipité un peu de bleu de Prusse. Cette expérience constatant assés l'existence du fer dans cette portion du dépôt, nous avons passé à l'examen de celle qui nous restoit.

On a versé dessus, jusques à saturation, de l'acide nitreux. Ce mélange a produit sur le champ une vive effervescence. Cette effervescence finie, nous avons observé qu'il se formoit un dépôt : on a laissé reposer la liqueur, & on l'a décantée. Nous avons édulçoré ensuite le peu de substance terreuse qui s'étoit déposée, & que nous avons reconnue pour une vraie selenite (à cause de son insolubilité dans l'acide nitreux) ; elle pesoit

pesoit neuf grains lorsqu'elle a été séche.

Il suit de toutes ces Expériences que vingt-cinq pintes d'eau du Loiret contiennent douze grains de sel marin, trois gros d'une liqueur incristallisable, c'est-à-dire, d'une eau-mere qui, étant dessséchée, donne quarante-huit grains de substance saline mucilagineuse extractive; & soixante-quatorze grains de dépôt terreux, dont dix-huit sont de la selenite, & les cinquante-six autres grains, de la terre calcaire martiale. d'où il résulte que c'est le sel marin qui se trouve le sel dominant des eaux du Loiret, & non le nitre, comme le dit expressément M. l'Abbé EXPILLY dans son Dictionnaire Géographique, historique & politique, d'après M. l'Abbé DE FONTENU.

Quoique nous n'ayons pu découvrir par nos Expériences l'existence réelle du sel de nitre; malgré cela, nous n'assurerons pas affirmativement qu'il n'y existe pas; nous avons même quelques indices qui pourroient démontrer le contraire: car lorsqu'on a mis de la substance saline extractive sur le charbon ardent, nous avons cru appercevoir quelques légeres fulminations. En outre, ayant laissé la capsule hors du feu pendant une nuit, & la liqueur étant d'une consistance pultacée, nous y avons apperçu le lendemain une espece de petite cristallisation en aiguilles très fines ; mais lorsque nous avons voulu les séparer, elles sont tombées en *deliquium*. Voilà tout ce que nous avons remarqué relativement à l'existence du nitre dans les eaux du Loiret ; nous ne croyons pas d'après cela qu'on puisse le regarder comme leur sel dominant.

Quant aux qualités des eaux du Loiret, pouvons-nous les estimer bienfaisantes & salubres, d'après les principes que nous avons posés ci-dessus ? Ces eaux ne sont ni insipides, ni légeres. Elles contiennent beaucoup de substances hétérogenes : elles coulent sur un lit de terre bourbeuse : leur mouvement est à peine sensible : les Poissons & les Plantes y naissent à profusion : en faut-il davantage pour rendre une eau dangereuse & impotable ? D'ailleurs, Hippocrate ne s'est-il pas ouvertement déclaré contre les eaux froides & telles que celles du Loiret ; *siccitas & aqua frigiditas*, dit-il, (a) *vasorum rupturas efficere solent*. Tenons-nous-en à ce témoignage, les

(a) *Lib. de aere, locis & aquis.*

remarques de cet Auteur sont autant d'Oracles, & celle que je viens de rapporter suffit certainement pour nous faire juger de l'Anecdote dont il a été parlé.

MEssieurs BRETON & CHARPENTIER DU PETIT-BOIS, *qui avoient été nommés par la Société Royale d'Agriculture pour examiner un Ouvrage intitulé :* Examen Chymique & Pratique des Eaux de la Loire, du Loiret & des Puits de la Ville d'Orleans, par Monsieur GUINDANT, Docteur en Médecine, &c. *en ayant fait un rapport très favorable, la Compagnie a jugé qu'il méritoit d'être donné au Public ; en foi de quoi j'ai signé le présent Certificat. A Orleans, le dix-huit Février 1769. LOISEAU, Chanoine de l'Église d'Orleans, Sécretaire perpétuel de la Société Royale d'Agriculture de cette Ville.*

APPROBATION.

J'AI lu par ordre de M. le Chancelier, comme chargé d'examiner les Ouvrages de la Société Royale d'Agriculture, un Ecrit intitulé : *Examen Chymique & Pratique des Eaux de la Loire, du Loiret & des Puits de la Ville d'Orleans, par M.* TOUSSAINT GUINDANT, *Docteur en l'Université de*

Médecine de Montpellier, Médecin de l'Hôtel-Dieu d'Orleans, Aggrégé au Collége des Médecins & de la Société Royale d'Agriculture de la même Ville. Témoin des éloges qu'il a reçus dans cette Société, & qui sont constatés par le Certificat de M. l'Abbé LOISEAU, Sécrétaire perpétuel de la même Société, je n'ai pas été surpris de l'Approbation solemnelle qu'y a donné l'Académie Royale des Sciences de Paris, après avoir entendu le rapport avantageux qui lui en a été fait par Messieurs MALOUIN & CADET, suivant le Certificat de M. GRANDJEAN DE FOUCHY, Sécrétaire perpétuel de la même Académie, en datte du 30 Janvier dernier. Je ne puis que répéter avec cette célebre Academie, que l'Ouvrage de M. GUINDANT est rempli d'une bonne Physique & de vues très utiles, & qu'il seroit à souhaiter que nos Citoyens sentissent tout le prix & l'importance du travail de M. Guindant, & des Analyses qu'il a faites avec autant d'exactitude que de sagacité avec M. PROZET, afin de renoncer à l'usage de l'eau des Puits contraire à leur santé, & de préférer l'eau de la Loire, dont ces Expériences prouvent la bonté & la salubrité. Je souscris donc au Jugement de l'Académie des Sciences de Paris, & à celui de la Société d'Agriculture d'Orleans, qui ont trouvé ce mémoire digne de l'impression. A Orleans, ce 19 Février 1769. MASSUAU, Maire de la Ville d'Orleans, Membres des Sociétés d'Agriculture & des Belles-Lettres de la même Ville.

Permis d'imprimer. A Orleans, ce 19 Février 1769. MASSUAU, Maire.

www.ingramcontent.com/pod-product-compliance
Ingram Content Group UK Ltd.
Pitfield, Milton Keynes, MK11 3LW, UK
UKHW020956180726
13838UKWH00003B/1356